互联网口述历史
第 1 辑
英雄创世记

08

共建开放蓬勃的
互联网

维纳·措恩

Werner Zorn

主编
方兴东

中信出版集团｜北京

图书在版编目（CIP）数据

维纳·措恩：共建开放蓬勃的互联网/方兴东主编
. -- 北京：中信出版社，2021.4
（互联网口述历史. 第1辑，英雄创世记）
ISBN 978-7-5217-1313-8

Ⅰ.①维… Ⅱ.①方… Ⅲ.①互联网络—普及读物②
维纳·措恩—访问记 Ⅳ.①TP393.4-49②K835.166.16

中国版本图书馆CIP数据核字(2019)第294732号

维纳·措恩：共建开放蓬勃的互联网
（互联网口述历史第 1 辑·英雄创世记）

主　　编：方兴东
出版发行：中信出版集团股份有限公司
　　　　　（北京市朝阳区惠新东街甲4号富盛大厦2座　邮编　100029）
承 印 者：北京诚信伟业印刷有限公司

开　　本：787mm×1092mm　1/32　　印　张：2.75　　字　数：46千字
版　　次：2021年4月第1版　　　　　印　次：2021年4月第1次印刷
书　　号：ISBN 978-7-5217-1313-8
定　　价：256.00元（全8册）

I strongly believe in
a good and prosperous
cooperation between
the Chinese Internauts
and the western collegues
friends and competitors towards
an open and florishing
Internet
Wuzhen, Dec 5, 2017

Werner Zorn

我坚信中国互联网参与者与西方同人、伙伴和竞争者之间友好繁荣的合作会带来一个开放和蓬勃的互联网。

2017 年 12 月 5 日，乌镇

维纳·措恩

方兴东和维纳·措恩在乌镇合影

互联网口述历史团队

学 术 支 持：浙江大学传媒与国际文化学院

学术委员会主席：曼纽尔·卡斯特（Manuel Castells）

主　　　　编：方兴东

编　　　　委：倪光南　熊澄宇　田　涛　王重鸣
　　　　　　　吴　飞　徐忠良

访 谈 策 划：方兴东

主 要 访 谈：方兴东　钟　布

战 略 合 作：高忆宁　马　杰　任喜霞

整 理 编 辑：李宇泽　彭筱军　朱晓旋　吴雪琴
　　　　　　　于金琳

访　谈　组：范媛媛　杜运洪

研 究 支 持：钟祥铭　严　峰　钱　竑

技 术 支 持：胡炳妍　唐启胤

传 播 支 持：李　可　张雅琪

牵 头 执 行：

学术支持单位：

浙江大学社会治理研究院

互联网与社会研究院

特 别 致 谢：

本项目为 2018 年度国家社科基金重大项目"全球互联网 50 年发展历程、规律和趋势的口述史研究"（项目编号：18ZDA319）的阶段性成果。

目　录

总序 人类数字文明缔造者群像

方兴东

"互联网口述历史"项目发起人

新冠疫情下，数字时代加速到来。要真正迎接数字文明，我们既要站在世界看互联网，更要观往知来。1994年，中国正式接入互联网，至那一年，互联网已经整整发展了25年。也就是说，我们中国缺席了互联网50年的前半程。这也是"互联网口述历史"项目的重要触动点之一。

"互联网口述历史"项目从2007年正式启动以来，到2019年互联网诞生50周年之际，完成了访谈全球500位互联网先驱和关键人物的第一阶段目标，覆盖了50多个国家和地区，基本上涵盖了互联网的全球面貌。2020年，我们开始进入第二阶段，除了继续访谈，扩大至更多的国家和地区，我们更多的精力将集中在访谈成果的陆续整理上，图书出版就是其中的成果之一。

通过口述历史，我们可以清晰地感受到：互联网是冷战的产物，是时代的产物，是技术的产物，是美国上升期的产物，更是人类进步的必然。但是，通过对世界各国互联网先驱的访谈，我们可以明确地说，互联网并不是美国给各国的礼物。每一个国家都有自己的互联网英雄，都有自己的互联网故事，都是自己内在的需要和各方力量共同推动了本国互联网的诞生和发展。因为，互联网真正的驱动力，来自人类互联的本性。人类渴望互联，信息渴望互联，机器渴望互联，技术渴望互联，互联驱动一切。而 50 年来，几乎所有的互联网先驱，其内在的驱动力都是期望通过自己的努力，促进互联，改变世界，让人类更美好。这就是互联网真正的初心！

互联网是全球学术共同体的产物，无论过去、现在还是将来，都是科学世界集体智慧的成果。50 余年来，各国诸多不为名利、持续研究创新的互联网先驱，秉承人类共同的科学精神，也就是自由、平等、开放、共享、创新等核心价值观，推动着互联网不断发展。科学精神既是网络文化的根基，也是互联网发展的根基，更是数字时代价值观的基石。而我们日常所见的商业部分，只是互联网浮出水面的冰山一角。互联网 50 年的成功是技术创新、商业创新和制度创新三者良性协调联动的结果。

可以说，由于科学精神的庇护和保驾，互联网 50 年发展顺风顺水。互联网的成功，既是科学和技术的必然，也是政治和制度的偶然。互联网非常幸运，冷战催生了互联网，而互联网的爆发又恰逢冷战的结束。过去 50 年，人类度过了全球化最好的年代。但是，随着以美国政府为代表的政治力量的强势干预，以互联网超级平台为代表的商业力量开始富可敌国、势可敌国，我们访谈过的几乎所有互联网先驱，都认为今天互联网巨头的很多作为，已经背离互联网的初心。他们对互联网的现状和未来深表担忧。在政治和商业强势力量的主导下，缔造互联网的科学精神会不会继续被边缘化？如果失去了科学精神这个最根本的守护神，下一个 50 年互联网还能不能延续过去的好运气，整个人类的发展还能不能继续保持好运气？这无疑是对每一个国家、每一个人的拷问！

中国是互联网的后来者，并且逐渐后来居上。但中国在发展好和利用好互联网之外，能为世界互联网做什么贡献？尤其是作为全球最重要的公共物品，除了重商主义主导的商业成功，中国能为全球互联网做出什么独特的贡献？也就是说，中国能为全球互联网提供什么样的公共物品？这一问题，既是回答世界对我们的期望，也是我们自己对自己的拷问。"互联网口述历史"项目之所以能够得到全世界各界的大力支持，并产生世界范围的影响，极重要的原因之一就是这个项目首先是一个真正的公共物品，能够激发全球互联网共同的兴趣、共同的思考，对每一个国家都有意义和价值。通过挖掘和整理互联网历史上最关键人物的历史、事迹和思想，为全球互联网的发展贡献微薄之力，是我们这个项目最根本的宗旨，也是我们渴望达到的目标。

前　言

随着1984年德国成功实现了与美国计算机科学网（Computer Science Network，缩写为CSNET）的对接，并发送了第一封德国跨国电子邮件，维纳·措恩（Werner Zorn）这位被公认的"德国互联网之父"走进世人的视线。为此，维纳·措恩在2006年获得德国总统亲自颁发的联邦十字勋章。

措恩在早期国际互联网的发展过程中建立了许多里程碑。1987年，他克服重重阻碍，帮助中国实现与国际互联网的连接，甚至因此受到了德国研究部门的打压，但却坚持抗争，从不后悔。1987年9月20日，中国第一封跨国电子邮件从北京发送至德国，这标志着中国成功接入国际互联网。1990年，他还帮助中国注册了".cn"国家顶级域名。正是这位令人尊敬的学者，同中国互联网的先驱一起，为中国打开了迈入国际互联网的大门。1989年他成立Xlink公司，这是德国最早的互联网服务提供商之一。2013年，他成为国际互联网名人堂先锋人物的入选者。

从维纳·措恩身上，我们看到了真正的互联网精神，开放、平等、自由、创新，在学术面前人人平等，在对生命和人类贡献的探索和思考中，他如此智慧、谦卑……正是因为有了这样一群崇尚真理、热爱自由、尊重平等、无畏权贵的伟大科学家的无私付出，互联网作为人类社会的新文明，才会勃勃生发于全球，让整个世界牵一发而动全身，彼此互通互联，从而缔造了人类命运共同体的全新动能。

致敬互联网诞生50年，致敬所有的互联网先驱！

人物生平

维纳·措恩，计算机科学家，德国互联网先驱，被公认为德国互联网的创始人之一，"德国互联网之父"，于2006年被授予德国联邦十字勋章。2013年，入选国际互联网名人堂。

1971年，他在获得卡尔斯鲁厄大学（现为卡尔斯鲁厄理工学院）博士学位后，被任命为该大学新成立的信息计算中心的负责人。

在任职教授期间，他的研究团队创建了将德国网络连接到国际互联网的基础设施。这一成就使德国成为世界上第四个接入国际互联网的国家。得益于他的努力，1984年，措恩领导科研小组建立了德国与美国计算机科学网的第一个连接，并成功发送了德国的第一封跨国电子邮件。1987

年 9 月 20 日，措恩教授帮助中国从北京向海外发出中国的第一封跨国电子邮件。电子邮件的内容为 "Across the Great Wall we can reach every corner in the world"（跨越长城，走向世界）。

　　两年后，措恩博士还创立了连接德国大学的互联网服务提供商 Xlink。Xlink 是 RIPE（欧洲地区互联网数字地址分配机构）的创始成员之一，该组织致力于确保互联网行政管理和技术协调的可持续性。

访谈内容

访 谈 者：方兴东、钟布
访谈地点：浙江乌镇
访谈时间：2017年12月5日

访谈者： 今天是 2017 年 12 月 5 日。我们非常幸运地在中国浙江乌镇会见了维纳·措恩教授。

非常感谢您，让我们此刻有机会采访您。如您所知，我们刚刚在华盛顿采访了斯蒂芬·沃尔夫[①]。我们在做"互联网口述历史"项目，记录早些年致力于建立互联网的先驱者，我们认为这些历史是非常重要的。

我们不仅仅记录这段历史，更想让像您一样的互联网先驱激励下一代，激励未来五十年甚至一百年仍在使用互联网的人。我们的视频将存档在旧金山的互联网档案中，

[①] 斯蒂芬·沃尔夫（Stephen Wolff），互联网创始人之一，Internet2 首席科学家、董事会成员、研究部临时副总裁和首席技术官。国际互联网协会（ISOC）先驱成员，2002 年获国际互联网协会的乔纳森·波斯特尔（Jonathan Postel）服务奖，2013 年入选国际互联网名人堂。

还将与旧金山的互联网计算机历史博物馆分享视频。

再一次感谢您接受此次采访。我们的采访与新闻媒体有点不同，我们记录您的口述、录像以及您对当时所发生事情的重述。

首先，措恩教授，能告诉我们您出生的时间和地点吗？请谈谈您的生平。

维纳·措恩：1942 年二战期间，我在法兰克福出生，住在法兰克福郊外一个叫巴德索登（Bad Soden）的可爱小镇里。我拥有一段非常快乐、充满阳光与和平的童年。到目前为止，我并没有受到什么战争的影响，除了来自轰炸机的噪声。

我的父亲出生于 1898 年，与我们的年代完全不同，我们之间相隔了 44 年。他是一名焊接工程师，也是焊接领域的先驱之一。他的职位是负责行业研发和应用，后来他还成为卡尔斯鲁厄大学的教授。在那里他为我朝着这个方向发展铺垫了道路，这个方向不是机械，而是电子工程。这个专业结合了物理学、数学和实际应用，真的很棒。我于 1962 年到 1967 年间在卡尔斯鲁厄大学学习。然后，我被介绍到施泰因布赫（Karl W. Steinbuch）教授的研究团队，他也是信息学的著名先驱之一。到目前为止，也许我受到了先驱者的强烈影响。

维纳·措恩在乌镇接受互联网实验空钟布的采访

访谈者：我可以问一下，您父亲是什么时候去世的吗？

维纳·措恩：1996 年。他那时 98 岁了，还有完全清醒的意识。

访谈者：他也很高兴看到您选择工程专业吧？

维纳·措恩：起初我的挚爱是音乐。这就是为什么在我 18 岁的时候，我想要学习音乐，尤其是钢琴，想做一些技术与音乐结合的事情。由于我父亲的建议，我决定学习电气工程。然而，当 20 世纪 60 年代末出现计算机科学时，我的兴趣转向了一个完全不同的方向，然后我就朝着这个方向前进了。

访谈者：这很有意思。您对钢琴有很强烈的兴趣，那您还在继续弹钢琴吗？

维纳·措恩：对。我对古典音乐、练习弹琴以及后来的音乐理论很有兴趣。音乐是一种极其复杂的艺术。是的，我还在继续弹钢琴。

访谈者：看起来我们失去了一位优秀的音乐家，不过却收获了一位互联网领域的先驱。请问您有几个兄弟姐妹？

维纳·措恩：我有两个哥哥。大哥长我 8 岁，是一名律师；二哥长我 6 岁，是一名机械工程师。

访谈者：您是家里最小的孩子，感觉如何？

维纳·措恩：我是家里最小的这一点很有利，因为我得到了母亲的全部关注，其他人对此有点嫉妒。

访谈者：您也是在法兰克福长大的吗？

维纳·措恩：在法兰克福附近，但是我 9 年的中学教育是在法兰克福附近的赫斯特（Frankfurt-Hoechst）进行的，即化学巨头赫斯特公司（Farbwerke Hoechst AG）的故乡。

访谈者：可以谈谈您的哥哥们吗？

维纳·措恩：我大哥是律师，他过着与我完全不同的生活，而兄弟之间有一些不同也是正常的。从某种意义上说，这对于我是一个挑战。他们通过了考试，学业十分出色，成功获得了博士学位。我的父母对我也有类似的期待，特别是我的父亲。我的母亲不太一样，她不是那么有事业心，但她以丈夫和儿子为荣。因此，你可以想象我的压力有多大。

访谈者：您母亲是家庭主妇还是也有工作？

维纳·措恩：她是家庭主妇，但帮我们顺利度过了二战以及后来的艰苦岁月。她为孩子们准备食物以提供营养，同时还要照顾当时家里饲养的动物。这确实是一项艰巨的任务，而且喂饱这么多饥饿的肚子也不容易。三个孩子和家里的一切都由她负责照料，那时她真的做得非常好。我的父亲除了支持母亲，还全身心地投入他的工作。好在最后战争结束了。

访谈者：您生活在一个有爱的家庭里。您上大学时，大学离家有多远？

维纳·措恩：嗯，约 150 千米。足够远。

访谈者：您父母跟如今的父母一样会"空降"来校园探望您吗？

维纳·措恩：不怎么会。但是我的父亲每个学期每两周会来学校讲一次课。所以我们可以经常保持联系，互相定期见面。

访谈者：您还记得他第一天讲课时的情景吗？

维纳·措恩：二战后，我的父亲除了担任行业的全职职务，还被任命为讲师，后来又担任教授。这就是他与

大学保持联系并负责教授卡尔斯鲁厄大学焊接课程的
方式。

访谈者：他也获得了博士学位吗？

维纳·措恩：是的，在1939年。

访谈者：所以您实际上受父亲的影响很大？

维纳·措恩：是的，父亲对我影响很大，即使他属于和
我们非常不一样的那一代人。他受纪律和责任感驱动，一
生都富有责任和担当。

访谈者：当您决定进入电子工程领域时，您已经有一
位兄弟在机械工程领域，您父亲也是一个机械工程师。您
的决定真是一个突然的想法。您是已经看到了这是个非常
有前途的新领域吗？

维纳·措恩：原本我想把电子工程和音乐结合起来的，
也许是录音制作、优化之类的。这种结合是不可预测的，
因为这在计算机科学中将是一个极其广泛的领域。这是其
中一个入口，我把其他领域留给了专家。非常高兴的是我
后来没有继续研究这种与音乐的结合，因为音乐这个方向
太窄了。但是那时，人们永远不知道这对以后的工作意味

着什么，以及未来还会有什么机会。

访谈者：那您几岁上的大学？

维纳 · 措恩：20 岁。1962 年到 1967 年，五年。

访谈者：您上大学取得本科学历后，是直接继续获得博士学位吗？

维纳 · 措恩：从某种意义上讲，我获得博士学位是一件机缘巧合的事。我在研究生阶段的最后工作是专攻施泰因布赫教授研究所（Steinbuch-Institute）的模式识别。我做得非常好，所以非常自然地继续研究这个领域，同时，模式识别被认为是人工智能的根基之一。

我们的文凭（文凭工程师，Dipl.-Ing.）相当于今天的硕士学位，我加入了施泰因布赫教授研究所的一个项目团队，该团队由公共基金资助。通过重塑几个字符的轮廓，我的博士成果优化了 OCRB 条形码专用字体的标准。

访谈者：您的主要精力放在了学士学位和博士学位上？

维纳 · 措恩：早在学士学位和硕士学位引进德国之前，德国理工科大学的学历是文凭工程师，后来从根本上改变了几件事。对于传统的文凭工程师而言，前四个学期是一段非常艰难的时光，熬不过来的人会找其他出路。现在不一样了，学校的基本原则是获得学士学位更容易，最好的学生继续攻读硕士学位。你知道这其中的区别吧？当时最初的障碍是大学的前四个学期，我记得非常清楚，第二学期的数学课程挂科概率是83%。

访谈者：那真是非常艰难。因此，在您经历了前四个学期的洗礼后，事情就变得越来越顺利。

维纳·措恩：是的，当然。然后，你就可以做自己想要做的最棒的事。

访谈者：如果我说错了，请纠正我。您花了五年时间才获得学士学位？

维纳·措恩：不。五年后，我拿到了完整的文凭工程师学历（full Diplom-Engineer，Dipl.-Ing.，相当于现在的硕士学位）。当时，在学完四个学期之后，我们会有准硕士学历（Vordiplom），相当于今天的学士学位。

访谈者：作为一名学生，您认为自己是非常优秀的吗？

维纳·措恩：并不是，你知道，我属于兴趣来得比较晚，后来者居上的那种。我之所以表现得很好，是因为兴趣随着挑战的增加越来越强烈。所以我个人认为前四个学期真的只是学业任务，你必须通过它，然后整个世界都向你开放了。

访谈者：那么您的大部分时间都花在教室、图书馆或实验室吗？

维纳 · 措恩：大致是这样的，但是与使用大学的设施相比，大部分时间我使用的是我们的学生俱乐部的设施，这在德国被称为兄弟会①。我加入了其中一个兄弟会，即 Huette 学术协会（www.av - huette.de），自 1856 年以来它就以其技术百科全书而闻名。这是我们兄弟会创建、编辑和维护的不同工程学科的"工程师手册"。

访谈者：您会弹钢琴，那其他运动呢？

维纳 · 措恩：除了弹钢琴，我还打乒乓球。

访谈者：您在大学期间最喜欢的课程是什么？

---

① 兄弟会的入会采取自愿的原则，以交会费为前提，曾以讨论学术为主题，而今演变为一种扩张人脉的途径。

维纳·措恩：首要是作为电气工程基础的声学和理论电气工程。我真的很喜欢通过数学和应用程序对自然进行建模，直到今天我仍持有这种看法，如同诺伯特·维纳所言，"信息学不是物质也不是能源"。信息学实际上是一个抽象的人工世界，我总是回到原来的观点，即我对模拟现实世界更感兴趣。

访谈者：那么在您学习的那些年里，德国的大学真的有计算机科学系或其他类似的吗？

维纳·措恩：这些始于20世纪60年代后期。卡尔斯鲁厄大学的计算机科学系（德国第一个）于1972年正式成立，是迄今为止规模最大的计算机科学系之一。

访谈者：您是在那儿开始接触计算机的吗？您在学生时期对计算机科学有什么看法？我采访过其他一些美国互联网先驱，有人说："我之所以进入计算机科学系，是因为它是新的。新学科在麻省理工学院的竞争压力没那么大，所以我觉得这可能更容易。"是什么让您对计算机如此感兴趣？

维纳·措恩：起初，在20世纪60年代，它只是一个工具。也许我应该谈谈1967年我们研究小组当时所拥有的机器。我们的研究小组有一个控制数据机，代号为3300，它的机器代码操作系统非常差劲，几乎每次只能运行一个应用程序。1972 年后期，当我从电气工程学转向信息学时，我们有一台巴勒斯（Burroughs）B6700 机器，它具有非常独特的堆栈架构以及高级语言，用户无须再使用机器代码。这让我对架构感到着迷。它真的强烈影响了我对于机器架构的思考。巴勒斯拥有当时最先进的架构。

访谈者： 您可以谈谈您大学毕业后的日子吗？毕业后，您在做什么样的工作？

维纳·措恩： 我毕业于 1967 年年底，然后加入了施泰因布赫教授的研究小组。

访谈者： 还是在这所大学吗？

维纳·措恩： 是的，与以前一样，在同一学院的同一小组。在花了四年时间取得博士学位后，我转到了计算机科学系，在那里我负责一个新建立的计算中心（IRA）。

访谈者： 您是否也协助建立了计算机科学学院？

维纳·措恩： 是的，我与计算机科学学院是一同成长起来的（没过多久那儿就更名为计算机科学系）。我真的很早就进入了那里，从它成立的第一天起就担任计算中心总监的职位，这是一个非常具有挑战性的职位，院系的同事和整个团队提出了很多要求。回首过去，这确实是我有史以来接受的最艰巨的工作，但对我来说也是一个巨大的机会。很快，我成立了我的第一个研究小组，并于1979年被任命为教授。

访谈者：很多人认为您是"德国互联网之父"。您如何看待这个头衔？

维纳·措恩：他们给我安了这个头衔，我尽量避免使用，但我不否认它。历史上德国其实有两条互联网路线。一条是我在卡尔斯鲁厄大学的团队，与美国计算机科学网相连；另一条来自多特蒙德大学，它基于UUCP[①]连接到阿姆斯特丹的UUNET[②]网络。

---

① UUCP，是英文 Unix-To-Unix Copy Protocol 的缩写，中文名为 Unix-To-Unix 复制协议。UUCP 为 Unix 系统之间通过序列线来连线的协议，主要的功能为传送文件。

② UUNET，一家通信服务公司，成立于 1987 年，并在 5 月 12 日通过 CompuServe Network 使用 UUCP。它是一家互联网服务供应商和早期的一级网络公司之一，其总部设在弗吉尼亚州北部。UUNET 是第一家商业化的互联网服务提供商之一，如今是 Verizon Business 公司的内部品牌（原 MCI）。

访谈者： 您的意思是 UNIX 操作系统[①]？

维纳·措恩： UNIX 操作系统用的是 UCP[②]。后来我们通过与美国计算机科学网的连接直接进入了互联网世界。所以我们真的无法预估如果当时选择了另外一个方向会发生什么事，当时互联网对我们来说还是很遥远的。

在 1982 年年初，德国政府表示大学必须采用开放式系统互联[③] 网络世界，然后德国联邦研究与技术部（German BMFT，以下简称德国研究部）说，"好的，我们成立一个大项目"。

检索文献进行了一些了解之后，我提出了建议，即我

---

① UNIX 操作系统，是一个强大的多用户、多任务操作系统，支持多种处理器架构。按照操作系统的分类，属于分时操作系统，最早由肯·汤普森（Ken Thompson）、丹尼斯·里奇（Dennis Ritchie）和道格拉斯·麦克罗伊（Douglas McIlroy）于 1969 年在 AT&T（美国电话电报公司）的贝尔实验室开发。

② UCP，全称为 unit control panel，即机组控制屏，通过可视化的人机界面，对工业设备进行控制的一种方法。常用于机组控制系统、过程控制系统和离散控制系统。

③ 开放式系统互联，Open System Interconnection，缩写为 OSI。国际标准化组织（ISO）制定了开放式系统互联模型，该模型把网络通信的工作分为 7 层，分别是物理层、数据链路层、网络层、传输层、会话层、表示层和应用层。

们应该往计算机科学网络的 TCP/IP[①] 的方向发展，将电子邮件服务作为通往互联网的战略迁移路径。其他德国大学团体为用户提供了计算机图形、远程作业录入或本地网络服务。我说过，其中一件我们应该做的事就是与外界建立联系，那就是美国。另外，我们还应该在国内环境中实施服务，特别是在我们的案例中，类似西门子等德国公司。我的主要方向是向外部世界学习，并将经验应用于本地服务。

访谈者：外界是指美国吗？您是否充分意识到美国当时所做的事情以及阿帕网[②]，知道美国在建立所有大学的连接吗？

---

① TCP/IP，全称为 Transmission Control Protocol/Internet Protocol，即传输控制协议 / 互联网络协议，是互联网最基本的协议，由网络层的 IP 和传输层的 TCP 组成。TCP/IP 定义了电子设备如何连入互联网，以及数据如何在它们之间传输的标准。

② 阿帕网，20 世纪 80 年代的美国网络不叫互联网，而叫阿帕网（ARPAnet）。所谓"阿帕"（ARPA），是美国高级研究计划局的简称。其核心机构之一—信息处理技术办公室（IPTO）—直在关注电脑图形、网络通信、超级计算机等研究课题。阿帕网为美国高级研究计划局开发了世界上第一个运营的封包交换网络，它是全球互联网的始祖。

维纳・措恩：关于阿帕网，我第一次知道是在 1969 年或 1970 年。在我以前的老学院（电气工程学院），我们有一些来自美国的演讲嘉宾，他们给我讲了它的概念和架构，我深深地记在了脑海里。特别是关于数据包如何进行分配，以及在传输失败的情况下如何被扔掉的介绍，这对我来说真是不可想象的，并且对后来很多设置了不同通信标准的人而言，也是无法想象的。丢掉数据包是超乎想象的。于是我记住了阿帕网，这是一个与众不同的概念，并且由于其军事背景，对我来说很是遥远，可谓高山仰止。我尝试过采取这个方向，即分级分层架构。1983 年，我是唯一一个在第一个 DFN① 项目组中提出美国计算机科学网项目的人，很幸运该提案被接受了。从某种意义上说，我是为了整个德国做这件事。因为在那个联合项目中，开发出来的东西将会让所有人受益。所以，就外部联系而言，我处于一个非常重要的岗位上。

访谈者：我们清楚地记得，在 1987 年 9 月 20 日，您

---

① DFN，指德国科研网。它将大学和研究机构相互联系起来，并已成为欧洲和世界研究与教育网络的一部分。

帮助中国第一次向海外发出中国的第一封跨国电子邮件。

　　维纳·措恩：是的。1984 年，我的科研小组建立了德国与美国计算机科学网的第一个连接，并发送了德国的第一封跨国电子邮件。之后，我开始与王运丰[①] 教授寻求建立中—德计算机网络连接和电子邮件服务的可能，并商定中方合作单位为机电部（机械电子工业部）下属的中国兵器工业计算机应用技术研究所[②]（以下简称兵器工业计算所）。1987 年夏天，我在北京出席第三届西门子计算机用户研讨会（CASCO）会议，并带来了一个小组，与兵器工业计算所的同人合作解决了中—德邮件交换的一切软件问题。9 月 14 日我们共同起草了一封电子邮件："Across the Great Wall we can reach every corner in the world"（跨越长城，走向世界），标题为 "This is the First Electronic Mail from China

---

① 王运丰，武器专家，高级工程师，中国互联网的先行者。1945 年毕业于德国柏林技术大学机械系，获得工程师学位。1952 年回国，曾任第二机械工业部第六局副总工程师。逝于 1997 年 4 月 29 日。
② 中国兵器工业计算机应用技术研究所（Institute for Computer Application，缩写为 ICA），始建于 1978 年，隶属于中国兵器工业集团公司，是我国陆军装备信息化平台的专业技术研究所。兵器工业计算所是中国第一封电子邮件的发出地，中国互联网第一域名（.cn）注册用户单位，中国最早引进应用国际先进计算机单位之一。

to Germany"（这是第一封从中国到德国的电子邮件），标题和内容均由英、德双语写成。这封邮件上的署名除了我和王运丰，还有 11 个中、德双方参与工作的人员，包括在项目中起着重要作用的兵器工业计算所所长李澄炯。由于技术问题，这封邮件的发出被迫延迟。7 天后，也就是 1987 年 9 月 20 日，这封邮件终于成功到达德国，就这样我帮助中国从北京向海外发出了中国第一封跨国电子邮件。

在那个时候，让用户接近互联网的服务是一个电子邮件 SCS[①]集合。但由于政治原因，它还没有对中国开放，因此会阻止中国访问美国应用程序的内部连接。这封邮件发送时，美国计算机科学网仅仅是非正式接受了这一连接作为一项试验，而不是正式同意，换言之，这个连接是临时性的，没有任何保证。

为了尽快获得正式批文，我与美国特拉华大学的代夫 · 法贝尔教授、威斯康星大学的劳伦斯 · 兰德韦伯教授联系，他们都是美国计算机科学网的执行委员。他们两

---

① SCS，全称为 Sequence Control System，即顺序控制系统，指按照规定的时间或逻辑的顺序，对某一工艺系统或主要辅机的多个终端控制元件进行一系列操作的控制系统。

人与美国国家科学基金会①联系，经过努力，中国获得了美国国家科学基金会的正式批准。

1987 年 11 月 8 日，美国国家科学基金会的斯蒂芬·沃尔夫表达了对中国接入国际互联网的欢迎，并在普林斯顿会议上将该批文转交给了中方代表杨楚泉先生。这是一份正式的，也被认为是"政治性的"认可，中国加入美国计算机科学网和美国大学网。

访谈者：当您第一次收到来自中国的电子邮件时，您的感受如何？

维纳·措恩：事实上，在第一封邮件发送成功的一年前，1986 年 8 月 26 日，中方已经成功地从北京登录到德方的 VAX 主机上，并能查看电子信箱中的邮件，通过模拟信号线传到在北京兵器工业计算所的打印机上。中国科学院高能物理研究所的吴为民先生于 1986 年 8 月 25 日，在北京 710 所的 IBM-PC（国际商业机器公司个人计算机）上远程

---

① 美国国家科学基金会（National Science Foundation，缩写为 NSF），美国独立的联邦机构，成立于 1950 年。其任务是通过对基础研究计划的资助，改进科学教育，发展科学信息和增进国际科学合作等办法促进美国科学的发展。

登录到欧洲核子研究组织，并收发了邮件，时间比兵器工业计算所远程登录到卡尔斯鲁厄大学还早一天。

但这都不是真正的电子邮件系统，因为中国当时并没有自己的邮件服务器，不能进行存储、转发等基本邮件服务并形成网络，只是以远程登录的方式进行邮件交换；换言之，只能在一个办公室里使用邮件服务功能。中国要想真正实现自己的邮件服务，必须建立自己的服务器，再加入国际互联网的大家庭。

那时打一个简单的电话，要花费 10 元人民币，占一个人月薪的 10%，而这并不是测试的基础。从 1986 年 8 月开始，我们使用 X.25①，它是中国 PKTELCOMB 的数据通信服务，使我们能够在位于北京的兵器工业计算所的远程电脑上，实现北京和卡尔斯鲁厄之间交换电子邮件。

到目前为止，我们有很好的机会实现交流。但是，在

---

① X.25，是一个使用电话或者 ISDN 设备作为网络硬件设备来架构广域网的 ITU-T 网络协议，是第一个面向连接的网络，也是第一个公共数据网络。在国际上 X.25 的提供者通常称 X25 为分组交换网，尤其是那些国营的电话公司。它们的复合网络从 20 世纪 80 年代到 20 世纪 90 年代覆盖全球，现仍然应用于交易系统中。

中国和德国之间的 X.25 连接正常运行之前，我打电话给意大利电信公司，让他们把中国的 X.25 连接扩展到德国。所以，那是一次真正的国际合作。一年后的 1987 年 9 月，通过 X.25，我们又进行了一次密集的团队合作，这次是在北京和德国卡尔斯鲁厄之间进行的。最终，在 9 月 14 日这一天，问题就在于这一天连接能否成功。

总体而言，我们必须连接两台计算机，这两台计算机分别是卡尔斯鲁厄大学的中国 VAX 和北京兵器工业计算所的西门子 BS2000，这不仅跨越了 9000 多千米的距离，而且经过了五层架构，从服务器到路由器和接口，以及之前从未连接过的设备。我将德国团队中一半的人手调到北京，另一半人手留在卡尔斯鲁厄随时待命。在所有一切完全正常运作之前，每一层都要进行调整甚至更改。

在我们离开北京前的最后一个晚上，连接还没有成功。因为在端到端的连接中，缺少一个小连接！我们必须建立从应用程序层到物理层的连接，以连接到北京的 PKTCOMB 节点，再从那里连到卡尔斯鲁厄。但在最后一刻，我的团队中的一员有了一个神奇的主意，通过手动更换 IBM-PC 和西门子计算机之间的关键电缆来解决技术问题，他成功了。后来，我们将德国团队中的一员留在兵器工业计算所，通过软件来替换手动连接设置。

访谈者：所有调试用的电脑都是从德国带来北京的吗？

维纳·措恩：主要是德国产品西门子前端计算机的协议转换器。我们把它放在那里，并在最后一刻成功地建立了北京和卡尔斯鲁厄之间的端到端连接。万一失败了，我们会回到德国，也许两年后才来北京，那么整个事情就会被延迟两年。

访谈者：谁想出了这句口号，就是第一封邮件中的"跨越长城"，那是一句著名的口号。

维纳·措恩：那是我和王运丰教授一起想的，当时我们坐在那里，正在进行某些机器测试。

访谈者：您又是如何成功帮助中国连接到互联网的呢？当时情况是怎么样的？

维纳·措恩：1983 年，起源是以西门子为核心的计算机用户研讨会。西门子当时相当强大，并且德国各个大学都有其机器。

从 20 世纪 80 年代早期开始，世界银行增加了对 17 个发展中国家的贷款以帮助它们进口外国的计算机设备，其中包括中国。由于当时美国有禁止对华销售计算机的法令，而德国没有这个限制，所以世界银行在"中国大学发展计划2"（Chinese University Development Project II）中分配 1.45 亿美元，让中国进口了 19 台德国制造的西门子 BS2000 大型计算机，并开展了一系列会议和培训，包括著名的西门子计算机用户研讨会。西门子支持了中国 19 台计算机装备，这个决定对西门子是有利的。

中国加入了我们的计算机协会，其中就有机电部科学研究院的前领导王运丰教授，他出生于 1911 年，是一位年长而诚实的绅士，他是来自中国方面的推动者。二战时期他曾在德国学习，回国后重新规划了个人和科学的发展。我们把他视为连接中国和德国的桥梁，丝毫没有政治限制。他个人魅力非凡，很受欢迎，是一个很棒的人。1983 年，我被邀请参加在北京举办的第一届西门子计算机用户研讨会，在会上认识了王运丰教授，我们就计算机应用和在中国推广计算机网络等问题进行了探讨。后来能成为他的朋友，我真的感到很自豪。

会上，我在我已加入的德国研究网络项目中提出了我们的计划，当时它正处于起步阶段。中方听了我们的计划后，立即做出的反应是，问我们如何能够加入这个项目。我始终记着这件事。当我们在 1984 年安装成功第一个德国—美国连接时，我都在想，我们可以将它扩展到中国吗？1987 年，与中国的网络联系还必须解决其他许多问题：

首先，不使用美国软件。所以我们将特拉华大学的美国计算机科学网软件重新安装配置到我们的西门子计算机上，这后来是由我的一名学生完成的，花费了很长一段时间。虽然没有时间压力，但我们一直都没忘记。

下一次会议在 1985 年举行，当时我们还没有准备好。1987 年夏天我在北京出席第三届西门子计算机用户研讨会，我们觉得也许时间到了，我们可以满足中国朋友的期望，尤其是王教授的期望。

1983 年到 1984 年，当我们自己的美国计算机科学网连接项目实施时，我非常注意管理该项目与德国的研究计划的一体性。此一体性有一天却突然令人意想不到地不复存在了，也就是从 1984 年 8 月 3 日，我们的第一个重大成功——德国—美国网络连接投入运营的那一天开始。后来，我意识到，从德国研究部的角度来看，我做了一件非常鲁莽的事情（不过我不这样认为）。我作为德国的官方代表——德国的美国计算机科学网域行政联络人（admin-c-for the germany.csnet-domain），与美国计算机科学网组织签订正式合同。这完全与德国研究部的政策背道而驰，德国研究部认为德国的美国计算机科学网域行政联络应该由 DFN 项目管理人员担任。

我们事先没有征求许可，后来我想要请求他们的谅解，但是他们没有原谅我，并切断了对我的资助。另一方面，1987年9月20日，由于我的行政联络的身份帮助我获得美国对华联系的批准，到目前为止，我在德国所遭受的一切都值得。

访谈者： 您与王运丰教授有接触吗？

维纳·措恩： 他是一个很棒的人，当时在中国也非常有名。他在第二次世界大战期间前往德国柏林学习机械，当时很困难。后来，我想他可能去指导中国生产坦克了。在20世纪80年代，他还获得了德国总理颁授的奖项。我曾经去他家里拜访过他。可惜他于1997年4月29日去世了，享年86岁。

访谈者： 您能讲讲关于他的故事吗？

维纳·措恩： 嗯，有一件事情，看他本人，你不会猜到他的年龄，20世纪80年代，他当时70多岁。他是第一个跟我说家里需要一台电脑来发电子邮件的人。这个想法非常好，但当时的一个问题是如何把计算机带给他。在1985年的第二届西门子计算机用户研讨会上，我们达成一致，凑了些钱买了一台计算机，并通过了海关。当时电子产品的进口受到严格监管。

访谈者：我认为您与斯蒂芬 · 沃尔夫的友谊，也对将互联网引入中国起到了一定的作用。

维纳 · 措恩：是的，斯蒂芬 · 沃尔夫受到劳伦斯 · 兰德韦伯的激励，于 1987 年 11 月 8 日从美国国家科学基金会方面确认了中国互联网的连接。但是回首 1984 年 4 月 16 日，那天我代表德国的美国计算机网连接项目（germany.csnet）签署了与美国计算机研究网的合同，从而成为局外人，遭到了各方的打击，但是这对我的职业生涯来说是幸运的一天。

这也许是我能入选国际互联网名人堂的原因之一，因为我支持德国发展 TCP/TP 并反对官方政策，当时官方赞成 ISO/OSÍ 标准并且在 20 世纪 90 年代后期之前一直反对德国的互联网。官方宣称，TCP/IP 仅仅是一个中间过渡，出于强大利益相关者的不利影响以及其独立性考虑，之后它会被官方标准所取代。我当时就是一个处在当局不同机构压力下的局外人，我们通过向用户提供互联服务而得以生存。

访谈者：德国人会非常感激您，因为您最终把互联网带到了德国。然后，每个人都开始上网，开始使用电子邮件，一切变得更加容易。那么您后来的工作是什么？

维纳 · 措恩：根据我的早期愿景，我后来的工作是巩

固我们的互联网服务，从一开始就以 Xlink（卡尔斯鲁厄扩
展局域网）的品牌进行传播。我创立了连接德国大学的互
联网服务提供商 Xlink。Xlink 是 Réseaux IP Européens 的
创始成员之一，致力于确保互联网行政管理和技术协调的
可持续性。很明显，我们的工作不能只停留在大学环境中。
1993 年，我们不得不进入公开市场，工作人员必须遵循外
包的原则。从那年起，学校的计算机服务不再是由我负责
了。但是，中国的连接服务依旧在卡尔斯鲁厄大学运行。
在和王运丰教授商定后，1990 年 11 月 26 日，由我正式在
国际网络信息中心①的前身 DDN-NIC 帮助中国申请了顶级
域名".cn"，钱天白②是行政联络人，卡尔斯鲁厄大学是技
术联络方。1990 年 12 月 2 日，我在得知".cn"域名申请

① 国际网络信息中心（Network Information Center，简称 NIC），提供
信息并帮助网络使用者的组织，在互联网早期它是包含 IP 地址和域
名的中心站。现在有一些 NIC 分散在全世界，是为用户提供网络信息
资源服务的网络技术管理机构，其主要职责是对网上资源进行管理和
协调，包含域名管理、应用软件管理和提供、技术支持和培训等。
② 钱天白，1945 年出生，工程师，互联网专家。我国顶级域名".cn"的
首位行政联络人。1994 年 5 月 21 日，在钱天白和德国卡尔斯鲁厄
大学的协助下，中国科学院计算机网络信息中心完成了中国国家顶
级域名服务器的设置，改变了中国的顶级域名服务器一直放在国外
的历史。于 1998 年 5 月 8 日逝世。

得到了批准后便立即将注册信息发给了钱天白。中国开始运行网络服务了。1994 年，我将为中国申请的 DNS 域名系统转移到中国，德方的责任便结束了。1994 年 4 月 20 日，通过美国 Sprint 公司[①] 连入的 64K 国际专线开通，中国实现了与互联网的全功能连接，成为真正拥有全功能互联网的第 77 个国家。当时国际互联的速度不是很快，只有 64 千比特每秒。

访谈者：很多人都知道美国阿帕网最初是为军事用途建造的。德国政府官员是不是也出于同样的想法，还是说他们认为不一样，互联网需要高校用户、公众用户，或者仅仅为政府服务？

维纳·措恩：根本不是军事应用问题，并且资金也仅来自德国研究部。

访谈者：所以他们想为研究授权。当时他们不相信普

---

① Sprint 公司，成立于 1938 年，前身是创办于 1899 年的 Brown 电话公司，一家堪萨斯州的小型地方电话公司。目前，Sprint 公司已成为全球性的通信公司，并且在美国诸多运营商中名列三甲，主要提供长途通信、本地业务和移动通信业务。

通人也能使用电子邮件，只有科学家可以使用电子邮件，是这样吗？

维纳·措恩：这不是真实的情况，当时没有用于私人用户的电子邮件。

访谈者：当时计算机网络主要有什么应用？

维纳·措恩：1983 年，当时人们考虑的是程序交换和远程访问其他计算机，不是电子邮件。这是因为如果没有联系人，很难想象我们该如何使用电子邮件。相反，远程作业输入、远程数据访问等是优先事项。因为当时计算机设备非常昂贵，我们只有很少的大型集中式计算机，每个人都试图访问那里，而与电子邮件相比，这根本不是一个问题。

访谈者：回顾您的一生，您做了很多精彩的事情，取得了很多成就。什么成就是让您感觉到最自豪的？

维纳·措恩：在与德国研究部这场战斗中抗争并赢得胜利。你可以想象，有一段时间我真的在院系里面被孤立了。我在这样的一个计算机科学院系的体系里，不能长期与德国研究部发生冲突。所以，这是冲突之一，但我没有被它击败，这是我现在仍然感觉非常好的另一件事。

访谈者： 当年他们并没有意识到计算机科学、网络的潜力，为什么要争吵？

维纳·措恩： 因为我遵循的是与官方 ISO/OSI 不一样的互联网服务。

访谈者： 这不是他们所能控制的对吗？还没有完全在他们的掌控之下？

维纳·措恩： 这是一项决定，而我的立场很简单。如果这是标准问题，那么我们应该遵循什么呢？其中一个重要的考虑因素是哪些服务已经存在。因此，如果你有用户，那么你就必须提供服务。所以，即使几乎全世界的，包括 IBM 在内的所有大公司都相信 ISO/OSI 标准，我也始终相信用户给我指明的方向。我对自己的决定一直感到很放心，我也很感谢自己熬过了那段你可以想象的艰难时期。

访谈者： 我相信数以百万计的用户都非常感谢您。

维纳·措恩： 历史很容易被人忘记。没有人真正知道在有关互联网标准的战争中发生了什么，这就是历史。从事计算机科学的人不关注历史，而用户只对现在的工作感兴趣，而不是几年前的斗争。

访谈者：从这个角度来想这个问题挺好的。非常感谢您与我们交谈并分享了许多见解。您作为互联网先驱之一，把互联网引入德国，也帮助中国连接到国际互联网。但 50 年后，甚至 100 年后，当人们在用互联网时，他们忘记了互联网上曾发生过的事情，比如您与官僚的斗争。那么，当他们看到我们的视频时，您希望给后代传达什么样的信息？

维纳·措恩：我想说的是不要忘记我们是人类，而不是机器的一部分。环顾四周，让我们看看真正的进步是什么，哪些进步是可以实现的，或者是可以用来真正帮助我们的。

访谈者：如果我理解得正确，您是希望我们在这种趋势中也要记住历史，不要失去我们的人性，对吗？并且也不遵循那些技术决定论，就是说技术将决定一切、主宰一切的理论。

维纳·措恩：是的，想想那些在科学、艺术、体育和许多其他卓越的学科上树立榜样的楷模，许许多多天才的作曲家和表演艺术家，例如巴赫、贝多芬。他们在最困难的情况下所做的事令人难以置信，将这些杰出的人与那些自认为很重要却名不副实的人相比，问问他们对人类都做了什么贡献。因此，这就是我考虑过去杰出人才所做的真正天才性工作的标准。许多所谓的重要人物只是站在矮人肩膀上的矮人而已。

访谈者：非常感谢您的帮助和见解。您第一次来中国是哪一年？还记得吗？

维纳·措恩：我第一次访问中国是在 1983 年。让我印象深刻的是我们的中国同人（科学家和研究小组以及邀请我们的人）在许多方面都与我们有很多相同的感觉。即使存在问题或冲突，也可能是因为人们对事情的反应不同。事实上我们之间绝对兼容，能够配合得很默契。

第一届西门子计算机用户研讨会于 1983 年 9 月 7 日至 10 日在北京举行。我们先到北京，然后去上海参观了上海交通大学和同济大学。我记得很清楚，他们非常渴望从外界获取信息，年轻人围着我们，只是为了倾听和掌握一些我们谈论的知识。他们非常渴望了解，就像海绵或类似的东西在吸收水分一样，希望以最大的动力来获取可用的任何信息。这也是我真正的动机之一，因为从他们眼中我看到了渴望和感激。

访谈者：关于未来，中国互联网的未来，您有什么样的建议？

维纳·措恩：你知道我的妻子是中国人。这是项目的成果之一。到目前为止，我很高兴地看到，除了美国，它还有一个强大的竞争对手。

访谈者：像资本主义一样，需要竞争。

维纳·措恩：是的，你是对的。

访谈者：非常感激您抽出时间接受采访。希望您为"互联网口述历史"项目写一段寄语。我们正在录制《互联网50年》，这是第一个50年，所以无论想说什么，请您写下来，对我们来说是极好的。您可以用英文或德文来写。

维纳·措恩：好的。我坚信中国互联网参与者与西方同人、伙伴和竞争者之间友好繁荣的合作会带来一个开放和蓬勃的互联网。

维纳·措恩访谈手记

方兴东

"互联网口述历史"项目发起人

　　作为"德国互联网之父"以及 20 世纪 80 年代中后期帮助中国发出第一封电子邮件的真正推手，维纳·措恩被推选为乌镇世界互联网大会高级别咨询委员会的联席主席，是名至实归的。这么说来，在一年一度的乌镇大会上"逮"他无疑是最便利的，但是约请措恩的访谈并不容易。一直到 2017 年，我们才终于抓住了机会。2017 年 12 月 5 日，也就是在第四届乌镇世界互联网大会闭幕式之前，我们终于见缝插针，拉住了他进行访谈。我和钟布两人，在他入住的枕水酒店临时找了一个喝茶的房间。随着会议进入最后一天，加上临近闭幕式，酒店也有了难得的安静。

　　因为独特的与中国互联网的渊源，我们对措恩的访谈有着太多的话题，需要刨根问底。所以，这次不断延长的访谈，值得侵占闭幕式的时间，结束之时我们还意犹未尽。

诞生于 1969 年的互联网到 2019 年已经有 50 周年，到 2020 年底，全球网民数量已经达到 50 亿之多。但围绕互联网起源的诸多故事依然值得进一步深入挖掘，尤其是在美国之外，大多数国家的互联网起源故事，都有待更深入的挖掘。甚至，很多人物和定论都需要重新发现。措恩的故事就是典型的再发现的故事。

需要再发现的第一个原因，就是除了美国，大多数国家早期的互联网接入都是少数学者自下而上的个人行为。1971 年，措恩博士在德国卡尔斯鲁厄大学获得博士学位后，被任命为该校新成立的计算机科学系信息计算数据中心的负责人。他在德国担任教授期间，与研究团队一起建立了连接德国与互联网的基础设施。这一成就使德国成为世界上第四个接入互联网的国家。

第二，这种个人行为，当时都是属于"非主流"的，甚至属于走偏门的"不务正业"。对于"德国互联网之父"这个头衔，措恩也很豁达，言谈之中不乏别样的滋味。"他们给我安了这个头衔，我尽量避免使用，但我不否认它。从历史的角度说，德国其实有两条互联网路线。一条是我在卡尔斯鲁厄大学的团队，与美国计算机科学网相连；另一条来自多特蒙德大学，它基于 UUCP 连接到阿姆斯特丹的 UUNET 网络。"

要知道，20 世纪 70 年代和 80 年代，美国阿帕网并没有成为人们公认的网中之网，而只是诸多网络之一。TCP/IP 更没有被视为理所当然的标准，那时候的欧洲一直在推动新的协议，以期与美国在网络方面平起平坐，从而导致了以欧洲和美国相互博弈为核心的"协议大战"。但是，最终还是 TCP/IP 一统天下，欧洲的网络战略功败垂成。当然，这种局面要到 20 世纪 90 年代之后才逐渐明朗。而措恩从一开始就对 TCP/IP 情有独钟，显然比较另类，甚至有点胳膊肘往外拐。所以，虽然他被称为"德国互联网之父"，但他当年并没有享受到相应的鲜花和掌声，甚至受到多方面的非议和排斥。因为措恩的努力，第一封电子邮件于 1984 年 8 月 3 日从美国计算机科学网络到达德国卡尔斯鲁厄大学信息计算数据中心。措恩博士在 1987 年通过与中国的连接重复了这一成功。而同样，他们当年的故事在中国长久以来也都是被忽略的。

第三，中国互联网的故事也有着特殊性。无论是官方还是民间，现在的共识就是：中国正式接入互联网的时间确定为 1994 年 4 月 20 日。1994 年之前尝试接入互联网的诸多故事，都成了"史前史"，很容易被一笔带过，甚至被忽略。1990 年，措恩博士还与钱天白等中国互联网先驱一起，为中国注册了自己的国际顶级域名".cn"。国家域名有很重要的象征意义。此事的完成也是在 1994 年 4 月之前。当然，当年主导 1994 年接入互联网的胡启恒院士，获悉措恩教授的故事之后，也非常重视，还专门找时间去拜访了他。2009 年，胡启恒院士向措恩教授授予"中国荣誉网民"的称号，以表示对措恩教授为中国互联网发展所做贡献的感谢。

第四，当年美国之外的国家要接入互联网，主要动力是源自专家学者自发的需求和努力。而对于高校的专家学者来说，要完成这样的事业，一般需要有项目经费的支持和支撑。而那时候，联网并不是普遍的需求，所以只能依靠个别敏锐者的先知先觉。他们的需求和驱动力实际上很纯粹。

第五，最后，也是很重要的一点，就是和措恩合作的王运丰团队，隶属兵器工业部。这个部门一看就很容易让人联想到军事的色彩。王运丰还有着新中国"坦克之父"之称。而互联网诞生与军方的关系，一直是互联网历史叙事中神话色彩最浓重的一笔。但事实上，联网的需求是很纯粹的，并没有特别的幕后故事。当时军事上的确有通信的需求，更有数据传输的需求（美国之外第一个连接节点挪威的设立，就是源自数据传输的需求）。而这种需求，与各行各业，尤其是全球科学共同体中外交流的本原需求，完全一致。措恩与王运丰团队的合作，也是如此。

1983 年 9 月 7 日至 10 日，西门子计算机用户研讨会在北京举行。"我们先到北京，然后去上海参观了上海交通大学和同济大学。我记得很清楚，他们非常渴望从外界获取信息，年轻人围着我们，只是为了倾听和掌握一些我们谈论的知识。他们非常渴望了解，就像海绵或类似的东西在吸收水分一样，希望以最大的动力来获取可用的任何信息。这也是我真正的动机之一，因为从他们眼中我看到了渴望和感激。"显然，措恩作为当事人，他的叙述对于我们理解历史、解答各种疑问至关重要。20 世纪 80 年代和他一起"里应外合"推动中国联网的中方核心成员王运丰、钱天白等，如今都已经不在了。当年过程中的诸多细节只能通过措恩的讲述尽可能还原。所以，我们相约下一年度再接着聊，措恩爽快答应了。但到了 2018 年，作为主席的他依然有太多的事务需要处理。我们在会场碰面，敲定了时间，最终因为他临时有事，没能坐下来进行第二次畅谈。

《互联网口述历史第 1 辑·英雄创世记》临近出版之时，我们发现措恩的这个分册相比之下，有点过于单薄。而因为新冠疫情，2020 年的乌镇大会只能大幅度缩减规模，境外的嘉宾不可能再相聚乌镇，作为高咨委主席的措恩我们也无缘访谈。我们希望通过书面访谈丰富内容的期望，因为疫情也无法实现，只能等到未来再弥补了。好在，关于这段历史，十多年前闵大洪、杨艳斌以及措恩教授的学生李南君等人有过深入的挖掘与研究，经由他们授权，我们把他们的研究成果放到分册的最后，以帮助大家更好地理解当年的历史。

出生于 1942 年 9 月 24 日的措恩，在诸多"互联网之父"之中算是比较"年轻"的，但现在也接近 80 岁了。不过，从他的身体状态和精神状态上，丝毫看不出他的实际年龄，他依然精力充沛。这些年，他与中国的联系也很多，乌镇大会是重要的纽带之一。措恩表示："我第一次访问中国是在 1983 年。让我印象深刻的是我们的中国同人（科学家和研究小组以及邀请我们的人）在许多方面都与我们有相同的感觉。即使存在问题或冲突，也可能是因为人们对事情的反应不同。事实上我们之间绝对兼容，能够配合得很默契。"

中国互联网的发展，尤其是早期的发展，得到了诸多国外人士的大力支持，这也是互联网精神的重要体现。措恩的中国故事，显然还会有更多精彩内容，我们期待着，也期待着"互联网口述历史"项目对他的下一次访谈。

生平大事记

1942 年 9 月 24 日

出生在德国美因河畔的法兰克福。

1962—1967 年　20~25 岁

就读于卡尔斯鲁厄大学电子工程系，并获得工程学硕士学位。

1971 年　29 岁

获得工程学博士学位。

1972 年　30 岁

任卡尔斯鲁厄大学信息计算机研究中心主任。

1979 年　37 岁

任卡尔斯鲁厄大学计算机科学系教授。

1984 年　42 岁

领导科研小组建立了德国与美国计算机科学网的第一个连接，并成功发送了德国的第一封海外电子邮件。

1984 年　42 岁

被誉为"德国互联网之父"。[1]

1987 年 9 月 20 日　45 岁

帮助中国从北京向海外发出第一封电子邮件。

1990 年　48 岁

与中国互联网先驱一起，为中国注册了自己的国际顶级域名".cn"。

---

[1]　人民网，2018 年 1 月 22 日，http://media.people.com.cn/n1/2018/0122/c40606-29777461.html。

2006 年　64 岁

被授予德国联邦十字勋章。

2009 年　67 岁

中国工程院院士胡启恒向措恩教授授予"中国荣誉网民"的称号，以表示对措恩教授为中国互联网发展所做贡献的感谢。

2013 年　71 岁

入选国际互联网名人堂。

2014 年　72 岁

入选中国政府"友谊奖"。

2017 年　75 岁

出席中国乌镇世界互联网大会。

附录
中国接入互联网的早期工作回顾

闵大洪 / 文①

　　本文依据中国早期（1984—1994）互联网建设的
当事人之一维纳·措恩教授的技术资料，中、德、英
刊物和当事人之间的电子邮件，结合美国互联网研究
专家杰伊·奥邦（Jay Hauben）发布的部分历史记录，
对中国互联网建设初期的若干大事件进行了回顾，并
列出了相关资料来源和部分影印件。

背景

　　从 20 世纪 80 年代早期开始，世界银行增加了对 17 个

① 感谢维纳 · 措恩先生与李南君先生对本文的贡献。

发展中国家的贷款，以帮助它们进口计算机设备，其中包括中国。由于当时美国有禁止对华销售计算机的法令，而德国没有这个限制，所以世界银行的"中国大学发展计划2"分配了 1.45 亿美元，让中国进口了 19 台德国制造的西门子 BS2000 大型计算机，并进行了一系列会议和培训，著名的会议如西门子计算机用户研讨会。

著名的卡尔斯鲁厄大学在德国的计算机技术领域中一直处于领先地位。维纳·措恩教授当时在该大学任教。1983 年，措恩教授出席了在北京举办的第一届西门子计算机用户研讨会，会上认识了机电部科学研究院的前领导王运丰教授，两人就计算机应用和网络技术等方面进行了交流，并建立了深厚友谊。

1984 年，措恩领导科研小组建立了联邦德国与美国计算机科学网的第一个连接，并发送了德国的第一封电子邮件。同年，他便开始与王运丰教授探讨与中国建立计算机网络连接和电子邮件服务的设想，与中方合作单位则选定兵器工业计算所（ICA，当时所长是李澄炯博士）。从理论上讲，利用当时 BS2000 的计算机是可以实现邮件服务的。

措恩教授很快带着学生开始动手，但由于财政问题，当时中—德连接这个项目只能依托其他项目进行。直到 1985 年 11 月，在措恩教授的推动下，联邦德国巴登－符腾堡州的州长洛塔尔·施佩特（Lothar Spaeth）特批了一项专款作为此项目的经费，包括 15 万马克[①] 的一次性投资和每年 1.5 万马克的维护费用，才终于使该项目得以正常进行。

"跨越长城，走向世界"

美国计算机科学网的邮件传输是基于 X.25（位于 OSI 的网络层）的，这一协议建立在传输模拟信号的电话网上，实现数字化包的交换。1985 年中德之间还没有供 X.25 运行的物理连接，只能各自实现 X.25 通信。为建立这一连接，在北京电话局的帮助下，措恩的小组找到了一条可租用的线路（意大利—北京），并找到有关公司（意大利电缆公司 ITALCABLE）。措恩教授和该公司负责人会谈后取得了租用许可。王运丰和措恩分别与该公司签约，中德之间的物理线路问题得到了解决。1986 年 8 月 26 日，中方成功从北京登录德方的 VAX 主机，可查看电子信箱中的邮件，并通过模拟信号线传到北京的兵器工业计算所的打印机上。

---

① 马克，德国原货币单位。——编者注

中德之间这一简单邮件系统的成功运行广受关注，也为后来的发展开了方便之门：1886—1987 年间大量通信和技术交流都应用了这个连接。

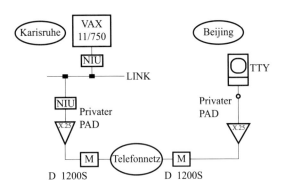

1986 年中德之间的远程终端连接图示

这种远程终端模式在当时也被其他单位采用，如中国科学院高能物理研究所的吴为民先生于 1986 年 8 月 25 日，在北京 710 所的 IBM-PC 机上远程登录欧洲核子研究组织，并收发了邮件，时间比兵器工业计算所远程登录卡尔斯鲁厄大学早了一天。

但这都不是真正的电子邮件系统，因为中方并没有自己的邮件服务器，只是以远程登录的方式进行邮件交换，也不能进行存储、转发等基本邮件服务。换言之，

只能在一个办公室里使用，并且，从网络的虚拟世界上
来看，中方是以国外的节点机出现在国际计算机网络上的。

要想真正实现中国的邮件服务，我们就必须建立自己
的服务器，再加入国际计算机网络大家庭。新的方案终于
定了下来——中方利用现有的 BS2000 计算机，建立与德国
对等的节点机和独立的邮件服务器。

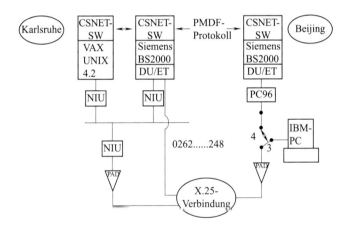

邮件服务方案图示：计算机科学网—卡尔斯鲁厄—北京

1987 年夏天，措恩教授在北京出席第三次西门子计算
机用户研讨会。他做了"计算机网络"的报告，也带来了
一个小组，与兵器工业计算所的同人合作解决电子邮件的

课题。同时，留守在卡尔斯鲁厄的另一个小组确保 BS2000 上 CSNET/PMDF 协议族的正常工作。9 月 4 日到 14 日共 11 天，措恩教授的团队完成了兵器工业计算所方面的主机西门子 7760/BS2000 在操作系统上的修改——在 OSI 协议中的网络层（第 3 层）由 X.25 实现，在传输层（第 4 层）上由 CSNET/PMDF 协议族实现。这样在应用层上就可以进行邮件传输，解决了中—德邮件交换的一切软件问题。

9 月 14 日他们共同起草了一封电子邮件，写道："Across the Great Wall we can reach every corner in the world."（越过长城，我们可以到达世界的每一个角落。）邮件标题为：This is the first Electronic Mail from China to Germany（这是第一封中国到德国的电子邮件）。标题和内容均由英、德双语写成，这就是后来知名的"跨越长城，走向世界"的邮件。在该邮件上署名的除了王运丰、措恩教授，还有 11 个中德双方参与工作的人员，包括在项目中起着重要作用的李澄炯所长，他为此专门写了中文技术报告。

虽然当时中德双方已经解决了一切问题，但美国计算机科学网邮件服务器上却存在着一个问题——PMDF 协议中一个漏洞导致了死循环，使得这个邮件的成功发出被延迟。工作人员经过咨询并得到了美国计算机科学网信息中心的确认：这个问题一直存在，尤其是在电话线路不好的时候。

措恩教授的助手未夏埃多·芬肯在北京与留守卡尔斯鲁厄的格尔德·瓦克尔共同努力，克服工作时差等多个障碍，用软件弥补了线路不稳造成的信号混乱。7 天后，也就是 9 月 20 日，这封邮件终于穿越了半个地球到达德国。

```
Date:  Mon, 14 Sep 87 21:07 China Time
Received: from Peking by unika1; Sun, 20 Sep 87 16:55 (MET dst)

"Ueber die Grosse Mauer erreichen wir alle Ecken der Welt"
"Across the Great Wall we can reach every corner in the world"

Dies ist die erste ELECTRONIC MAIL, die von China aus ueber
Rechnerkopplung in die internationalen Wissen-schaftsnetze geschickt
wird.
This is the first ELECTRONIC MAIL supposed to be sent from China into
the international scientific networks via computer interconnection
between Beijing and Karlsruhe, West Germany
(using CSNET/PMDF BS2000 Version).

University of Karlsruhe      Institute for Computer Application
- Informatik                of State Commission of Machine
Rechnerabteilung -          Industry
(IRA)                       (ICA)
Prof. Dr. Werner Zorn       Prof. Wang Yuen Fung
Michael Finken              Dr. Li Cheng Chiung
Stephan Paulisch            Qui Lei Nan
Michael Rotert              Ruan Ren Cheng
Gerhard Wacker              Wei Ben Xian
Hans Lackner                Zhu Jiang
                            Zhao Li Hua
```

"跨越长城，走向世界"邮件截图

9 月 25 日，英文版的《中国日报》刊登了这一消息："中国与世界 10000 个大学、研究所和计算机厂家建立了计算机连接。"

"Computer links are developed"

"China can now have computer links with more than 10.000 scientific research institutes, universities and computer manufacturers around the world.

The link using two Siemens computers in Beijing and Karlsruhe, Federal Republic of Germany, went into operation recently.

Prof. Wang Yunfeng, advisor on electronics informa-tion and technology for the State Science and Technol-ogy Commission, described the development as a tech-nical breakthrough concerning the integration of China's universities and research institutes with the worldwide computer network. The link, he said, was seccessfully established by an expert team under the direction of Professor Werner Zorn of the University of Karlsruhe. The team included scientists from the Bei-jing Institute for Computer application, the University of Karlsruhe, Siemens, and CSNET of the United States" (Xinhua)

《中国日报》当年的报道截图

美国国家科学基金会的确认

和后来的工作相比，电子邮件的发送成功只是一个初步成果。中国要接入国际计算机网络还需要完成以下几个关键步骤：

1. 得到美国方面的正式认可（符合美国法律）。

2. 参加 1987 年 11 月在普林斯顿举办的国际学术网络工作会议（International Academic Networkshop）。

3. 在国内普及网络，为本国国民提供相关服务。

"跨越长城，走向世界"的邮件发送时，美国计算机科学网仅仅是非正式接受（"OK"）了这一连接作为一项试验，而不是正式同意，换言之，这个连接没有任何保证。

为了尽快获得正式批文，措恩与美国特拉华大学的达夫·法贝尔教授、威斯康星大学的劳伦斯·兰德韦伯教授联系，他们都是美国计算机科学网的执行委员。他们两人与美国国家科学基金会联系，经过努力，获得了美国国家科学基金会的正式批准。11 月 8 日，美国国家科学基金会主任斯蒂芬·沃尔夫表达了对中国接入国际计算机网络的欢迎，并将该批文在普林斯顿会议上转交给中方代表杨楚泉① 先生。这是一份正式的、也被认为是"政治性"的认可——中国加入美国计算机科学网和 BITNET（美国大学网，Because It's Time Network）。

---

① 杨楚泉，曾任机械电子工业部下属兵器科学研究院副院长、科技局副局长等职。

NATIONAL SCIENCE FOUNDATION

WASHINGTON, D.C. 20550

Division of Networking and Communications Research and Infrastructure

Professor David Farber, Chairman
CSNET Executive Committee

Mr. Ira Fuchs, Chairman
BITNET Executive Committee

Gentlemen:

The extension of BITNET and CSNET electronic mail to China is a natural enlargement of the telephone and postal services that will increase the possibilities for collaboration among US and Chinese research scientists. I welcome this move which your organizations have made.

Sincerely,

Stephen S. Wolff

Stephen S. Wolff
Division Director
November 8, 1987

美国国家科学基金会关于中国接入美国计算机科学网和 BITNET 的认可信

上图译文如下：

美国国家科学基金会
华盛顿特区 20550

网络－通信研究和基础部

至：
达夫 · 法贝尔主席、
美国计算机科学网执委

伊拉 · 福希斯主席、
BITNET 执委

先生们：

BITNET 和美国计算机科学网电子邮件在中国的延伸是对电话和传统邮件服务的自然扩展，将增加美国和中国科学家的合作机会。我欢迎你们迈出了这一步。

真诚的，
斯蒂芬 · 沃尔夫 ＜签名＞
网络－通信研究和基础部主任

　　这封信的意义在于，如果没有它，美国国家科学基金会随时可以要求其下属组织（美国计算机科学网与BITNET）中断对中国的邮件转发服务和与国际计算机网络的连接，毕竟当时还是冷战时期。所以在措恩教授看来，这才是真正的里程碑。从那一刻开始，每一个美国计算机科学网和BITNET的使用者都可以"合法地"与中国的兵器工业计算所的使用者连接和进行电子邮件交流。1988年3月底，中国科研网（China Academic Net，CANET）在兵器工业计算所建立。

88年"计算机国际联网讨论会"全体中外代表合影。

前排部分人物：李澄炯（右二）、Daniel Karrenberg（欧洲网的建立人之一，右四）、王运丰（右五）、Dennis Jennings（都柏林大学教授，右六）、唐仲文（机电部副部长，中间）、维纳·措恩（左六）

CANET 的建立者

注册 ".cn" 域名

尽管得到中国科委（国家科学技术委员会）的支持，中国的研究所和科学家还是很难使用这一电子邮件服务，因为用 X.25 收发信息的通信费用极高——按措恩的估计，发一封邮件的费用相当于当时中国教授一个月的薪水。而维护这条基本线路，双方每月都要支付 2000~5000 美元（德方则支付得更多）。即使在这种艰难的背景下，兵器工业计算所也开始考虑让 CANET 加入新兴的互联网，并指派钱天白工程师负责。

1990 年 10 月 10 日，王运丰教授在卡尔斯鲁厄大学与措恩教授商讨了中国网络的应用，尤其是 CANET 和中国申请国际域名的问题（措恩回忆：注册 ".cn" 是王运丰最早提出的，包括这两个字母的选定）。10 月 19 日，措恩教授向国际互联网络信息中心发出了 ".cn" 的预约，询问是否有空缺。

措恩在 10 月 24 日将此预约通知了刚加入 CANET 项目的钱天白。当时域名等概念对绝大多数中国人来说是完全陌生的，为此钱天白在 11 月 3 日向措恩写信表示感谢，并咨询了很多相关的具体问题，如"什么是域名服务器""为什么要设两个域名服务器"，等等。他还希望措恩教授派一名专业人员到兵器工业计算所对这些问题进行专门讲解。

11 月 26 日,措恩正式在国际互联网络信息中心为 CANET 申请了 ".cn" 顶级域名。他在"管理联系"一栏中填上北京的兵器工业计算所的地址和钱天白的名字,而"技术联系"一栏中填上了卡尔斯鲁厄大学计算机系。12 月 2 日,等待批准中的措恩把申请信和相关附件转发给了钱天白(见文末附件一)。

其中最后一段是关于 CANET 当时情况的简述:

> CANET 是中国科学研究和发展网络,始建于 1988 年,目前覆盖大约 35 个机构。网关通过 XLINK 设立在德国卡尔斯鲁厄大学。在中国主要城市里 CANET 依赖拨号结点和 X.25 协议,目前正常速率为 1200bps(比特每秒)。CANET 计划使用完全的 X.25 和包交换机连接,并希望安装 Telebit Trailblazer 调制解调器用于拨号线路。

12 月 3 日,措恩教授收到了同事阿诺尔德·尼俩尔转发的通知,".cn" 域名申请得到了批准。同一批通过申请顶级域名的国家和组织有 4 个:

CN　　中国

EG　　埃及

HU　　匈牙利科学院

ZA　　UNINET 项目组

当天，措恩教授把批文转发给了钱天白，并回答了他所有的疑问。钱天白回信表示感谢（见文末附件二）。

1991 年 1 月 3 日，措恩教授派出三人专家小组去兵器工业计算所。专家组中的迈克尔·罗伯特建立了地区域名解析服务器并更新了 CSNET/PMDF 的相关软件；另一名成员兰肯（Nikolaus von der Lancken）帮助建立了局域网。

从 1991 年 1 月起，卡尔斯鲁厄大学就运行着 ".cn" 域名初级服务器，一直到 1995 年 5 月中国和美国建立了直接的互联网连接后，服务器才落户中国。

在中国政府的支持下，互联网在中国的普及发展非常迅速。中国科学院高能物理研究所在 1989 年也接通了中－美电子邮件的连接，对象是位于加州的斯坦福线性加速器中心（Stanford Linear Accelerator Center, SLAC）；1990 年，DFN 和中国科研网、清华大学校园网（TUNET）、加拿大不列颠哥伦比亚大学的网络等建立互联；中国公用分组交换网（CHINAPAC）——一个基于 X.25 和电话网的数字通信网络也在中国发展起来。这一系列进展中最大的一步是 1994 年 5 月 17 日，中国科学院高能物理研究所与美国 SLAC 建立的 TCP/IP 连接，它使通信应用上不局限于电子邮件，还支持文件传输、远程登录等。

后记

互联网的建立已经凝聚了这个世界整整一代人的梦想、辛勤工作、无数次挫折、巨大突破和进展。在中国方面，从最早通过远程登录的方式使用国外的电子邮件服务，到王运丰、措恩、李澄炯等人建立中国的邮件服务系统，再到注册中国的顶级域名、中国国内网络的普及以及完全接入国际互联网……我们很难把某次成功归结为某个人或某一个组织，因为每一次成功无不是基于超越个人、组织乃至国界的理解与合作，实现了他们共同的理念——通过交流，让世界上的人增进了解、消除误解、和睦相处、共同发展。建立互联网的目的是促进交流，互联网的建设本身也是交流的过程。这是千里之行的第一步，也是后人继续合作和探索的典范。

附件一

1990 年 11 月 26 日措恩发出关于 ".cn" 注册的电子邮件

Date: Mon, 26 Nov 90 16:27:35 MET

From: "Prof. Dr. W. Zorn" <zorn@ira.uka.de>

To: hostmaster@nic.ddn.mil

cc: xlink@ira.uka.de

Subject: Top level domain CN

Douglas,

here is the information about toplevel domain CN. If you have
further questions, please mail to xlink@ira.uka.de. The domain
will be operational as soon as we get a registration.

Thanks for your cooperation,

Werner Zorn

----

(1) The name of the top-level domain to join
    (EDU, COM, MIL, GOV, NET, ORG).

   1. Top-level domain: ROOT

   (This is an application for a top-level domain)

(2) The name of the domain

2. Complete Domain Name: CN (ISO code for China)

(3) The name and address of the organization establishing the domain.

3a. Organization name:

CANET Chinese academic net

3b. Organization address:

c/o ICA P.O. Box 2418-26
Che-Dao-Gou Street 10,100081
Beijing, P.R. China

(4) The date you expect the domain to be fully operational

4. Date operational:

immediately

(5)
Administrative Contact

5a. NIC Handle:
5b. Name (Last, First) :　　Qian, Tian Bai
5c. Organization:　　ICA
5d. Mail Address:　　　　Institute of Computer
Application

P.O. Box 2418-26

Che-Dao-Gou Street 10,100081

Beijing, P.R. China

5e. Phone Number: +86 1 841 3654

5f. Net Mailbox: qian.ica.beijing.CN

(6)

Technical and Zone Contact

6a. NIC Handle: MR78

6b. Name (Last, First):

6c. Organization:

6d. Mail Address: University of Karlsruhe

Computer Science Dept.

Am Fasanengarten 5

D-7500 Karlsruhe

FEDERAL REPUBLIC OF

GERMANY

6e. Phone Number:

6f. Net Mailbox:

(7)

7a. Primary Server Hostname: iraun1.ira.uka.de

7b. Primary Server Netaddress: 129.13.10.90

7c. Primary Server Hardware: VAX 3500

7d. Primary Server Software: ULTRIX

(8) The Secondary server information

    8a. Secondary Server Hostname: mcsun.eu.net

    8b. Secondary Server Netaddress: 192.16.202.1

    8c. Secondary Server Hardware: SUN-4/280

    8d. Secondary Server Software: UNIX

8a. Secondary Server Hostname: uunet.uu.net

8b. Secondary Server Netaddress: 192.48.96.2

8c. Secondary Server Hardware: SEQUENT-S81

8d. Secondary Server Software: UNIX

(10) Please describe your organization briefly.

CANET is the Chinese state research and development network, begun in 1988. It currently includes approximately 35 institutions. The gateway is through XLINK at the University of Karlsruhe in Germany. CANET uses dial-up nodes as well as X.25 in the major cities of China. Currently, 1200 bps is the typical transmission speed. CANET plans to move completely to X.25 and PAD connections. They expect to install Telebit Trailblazer modems for the dial-up lines.

——End of forwarded messages

附件二

1990 年 12 月 3 日钱天白给措恩的回信

Received: from iraun1.ira.uka.de by i32fs1.ira.uka.de id aa05388;

                   3 Dec 90 6:00 MET
Received: from siemens by iraun1.ira.uka.de id ad24463; 3 Dec 90 5:52 MET
Received: from Beijing by Unika1; Man, 03 Dec 90 05:49 MET
Date: Sun, 03 Dec 90 12:21 China Time
From: Mail Administration for China <MAIL@beijing>
To: "Prof. Dr. W. Zorn" <zorn@ira.uka.de>
CC: rotert@ira.uka.de
Subject: answer

DEAR PROF. ZORN,

I'VE GOT YOUR FOUR MAIL OF NOV.26 AND DEC.2, CONCERNING THE APPLICATION TO THE NIC FOR "CN" AND THE FUND FOR CANET. I'VE PASSED IT TO PROF. WANG.

THANKS AGAIN FOR YOUR HELP AND EFFORT.

FRANKLY SPEAKING, THERE ARE MANY QUESTIONS

I DIDN'T GET A CLEAR UNDERSTANDING, FOR E.G, HOW TO DEFINE THE SUBDOMAIN ACCORDING OUR CURRENT STATUS? HOW TO PLAN THE TRANSITION FROM OLD MAIL ADDRESS TO NEW MAIL-ADDRESS FOR END-USER? ETC.

SO, I HOPE MR.ROTERT TO HELP US TO SET UP AND PLAN WHOLE SYSTEM AND IF IT IS POSSIBLE, I WON'T TO GET A SET OF COPY OF "RECOMMENDED READING BY NIC" FROM YOU, BECAUSE I REALLY NEED IT.

BY THE WAY, PROF.WANG LET ME ASK YOU ABOUT YOUR TRAVELLING PLAN IS IT POSSIBLE TO VISIT US WHEN YOU COME BACK FROM VIET NAM?

BEST REGARDS!
MERRY CHRISTMAS!
PS: I'VE RECEIVED THE PMDF.CNF FILE OF UNIKA1. THANKS FOR MR.ROTERT!
QIAN TIAN BAI

"互联网口述历史" 项目致谢名单

（按音序排列）

Alan Kay

Bernard TAN Tiong Gie

Bill Dutton

Bob Kahn

Brewster Kahle

Bruce McConnell

Charley Kline

cheng che-hoo

Cheryl Langdon Orr

Chon Kilnam

Dae Young Kim

Dave Walden

David Conrad

David J. Farber

Demi Getschko

Elizabeth J. Feinler

Eric Raymond

Esther Dyson

Farouk Kamoun

Franklin Kuo

Gerard Le Lann

Gordon Bell

Håkon Wium Lie

Hanane Boujemi

Henning Schulzrinne

Hock Koon Lim

James Lewis

James Seng

Jean Francois Groff

Jeff Moss

John Hennessy

John Klensin

John Markoff

Jovan Kurbalija

Jun Murai

Karen Banks

Kazunori Konishi

Koichi Suzuki

Larry Roberts

Lawrence Wong

Leonard Kleinrock

Lixia Zhang

Louis Pouzin

Luigi Gambardella

Lynn St. Amour

Mahabir Pun

Manuel Castells

Marc Weber

Mary Uduma

Maureen Hilyard

Meilin Fung

Michael S. Malone

Mike Jensen

Milton L. Mueller

Mitch Kapor

Nadira Alaraj

Norman Abramson

Paul Wilson

Peter Major

Pierre Dandjinou

Pindar Wong

Richard Stallman

Sam Sun

Severo Ornstein

Shigeki Goto

Stephen Wolff

Steve Crocker

Steven Levy

Tan Tin Wee

Ti-Chuang Chiang

Tim o'Reily

Vint Cerf

Werner Zorn	焦　钰	魏　晨
William J. Drake	金文恺	吴建平
Wolfgang Kleinwachter	李开复	吴　韧
Yngvar Lundh	李　宁	徐玉蓉
Yukie Shibuya	李晓晖	许榕生
安　捷	李　星	袁　欢
包云岗	李欲晓	张爱琴
曹　宇	梁　宁	张朝阳
陈天桥	刘九如	张　建
陈逸峰	刘　伟	张树新
陈永年	刘韵洁	赵　婕
程晓霞	刘志江	赵　耀
程　琰	陆首群	赵志云
杜康乐	毛　伟	
杜　磊	孟　岩	
宫　力	倪光南	
韩　博	钱华林	
洪　伟	孙　雪	
胡启恒	田溯宁	
黄澄清	王缉志	
蒋　涛	王志东	

致读者

在"互联网口述历史"项目书系的翻译、整理和出版过程中，我们遇到的最大困难在于，由于接受访谈的互联网前辈专家往往年龄较大，都在80岁左右，他们在追忆早年往事时，难免会出现记忆模糊，或者口音重、停顿和含糊不清等问题，甚至出现记忆错误的情况，而且他们有着各不相同的语言、专业、学术背景，对同一事件的讲述会有很大的差异，等等，这些都给我们的转录、翻译和整理工作增加了很大的困难。

为了客观反映当时的历史原貌，我们反复听录音，辨口音，尽力考证还原事件原委，查找当年历史资料，并向互联网历史专家求证核对，解决了很多问题。但不得不承认，书中肯定也还有不少差错存在，恳切地希望专家和各界读者不吝指正，以便我们在修订再版时改正错误，进一步提高书稿内容质量。

联系邮箱：help@blogchina.com